AF240046

RECHERCHES

SUR PLUSIEURS OUVRAGES

DE LÉONARD DE PISE

DÉCOUVERTS ET PUBLIÉS

par M. le Prince **BALTHASAR BONCOMPAGNI**

ET SUR LES RAPPORTS QUI EXISTENT ENTRE CES OUVRAGES
ET LES TRAVAUX MATHÉMATIQUES DES ARABES

PAR M. F. WOEPCKE

Membre correspondant de l'Académie de' Nuovi Lincei

—————

ROME
IMPRIMERIE DES BEAUX ARTS
1856

I.

Traduction d'un Chapitre des Prolégomènes d'Ibn Khaldoûn, relatif aux sciences mathématiques.

LES SCIENCES RELATIVES AU NOMBRE.

La première de ces sciences est l'*arithmétique*, c'est à dire la connaissance des propriétés des nombres, en tant qu'ils sont ordonnés suivant une progression arithmétique ou géométrique. Par exemple : si des nombres forment une suite dont chaque terme surpasse le terme précédent du même nombre, alors la somme des deux termes extrêmes est égale à la somme de deux termes quelconques dont la distance aux deux termes extrêmes est égale, et cette somme est égale, en même temps, au double du terme moyen, lorsque le nombre des termes est impair [1]) ; comme cela a lieu chez les nombres (naturels), pris suivant leur ordre, et chez les nombres pairs et les nombres impairs, également pris suivant l'ordre. Ou par exemple: si des nombres se suivent en proportion continue [2]), de manière que le premier soit la moitié du second, le second la moitié du troisième, et ainsi de suite jusqu'au dernier terme, ou que le premier soit le tiers du second, le second le tiers du troisième, et ainsi de suite jusqu'au dernier terme; alors le produit des deux termes extrêmes est égal au produit de deux nombres quelconques (de la même suite) dont la distance aux deux termes extrêmes est égale, et ce produit est égal, en même temps, au carré du terme moyen, si le nombre (des termes) est impair [3]). C'est ce qui a lieu chez les

---

[1]) Prenons la progression arithmétique

$$a \,. \, a + b \,, \, a + 2b \,, \, \dots, \, a + nb \,, \, \dots, \, a + 2nb \,;$$

on aura

$$a + [a + 2nb] = [a + b] + [a + (2n - 1)b] = \dots$$
$$= [a + (n - 1)b] + [a + (n + 1)b] = 2[a + nb].$$

[2]) Textuellement : « lorsque des nombres se succèdent suivant un seul et même rapport ».

[3]) Prenons la progression géométrique

$$a, \, ma, \, m^2a \,, \, \dots, \, m^na \,, \, \dots, \, m^{2n}a \,;$$

on aura

$$a \,. \, m^{2n}a = ma \,. \, m^{2n-1}a = \dots = m^{n-1}a \,. \, m^{n+1}a = (m^na)^2.$$

nombres pairement pairs qui forment la suite deux, quatre, huit, seize, etc. Ou par exemple, les propriétés qui se présentent dans la formation des triangles numériques (nombres triangulaires), ainsi que des carrés, des pentagones, des hexagones [1]), lorsqu'ils sont disposés en série, se succédant suivant l'ordre. On additionne (d'abord les nombres naturels) depuis l'unité jusqu'au dernier [2]); on obtient ainsi les triangles qu'on place dans une ligne sous les côtés. On ajoute ensuite à chaque triangle le (triangle correspondant au) côté précédent et l'on obtient un carré. En ajoutant de même à chaque carré le triangle précédent on obtient un pentagone, et ainsi de suite. Ces polygones, ordonnés suivant leurs côtés, forment une table qui s'étend en longueur et en largeur. Suivant sa largeur elle présente (d'abord) les nombres (naturels) suivant l'ordre, ensuite les triangles suivant l'ordre, puis les carrés, les pentagones, etc. Suivant la longueur on y trouve chaque nombre et les polygones correspondants, à une étendue quelconque. En additionnant ces nombres, et en les divisant les uns par les autres dans le sens de la longueur et de la largeur de la table, on découvre des propriétés admirables dont je n'ai cité que quelques unes, et dans les traités qu'on a écrits sur cette matière, il se trouve des problèmes nombreux relatifs à ces propriétés. La même chose a lieu pour les nombres pairs, impairs, pairement pairs, pairement impairs et impairement pairs ; chacune de ces différentes espèces de nombres possède des propriétés qui la caractérisent, et qui sont traitées exclusivement dans cette branche de la science. Cette théorie forme la première et en même temps la mieux établie des parties des mathématiques; elle est employée dans les démonstrations du calcul.

Les savants des temps anciens et modernes l'ont traitée dans des ouvrages; la plupart d'entre eux l'ont donnée comme une partie intégrante de l'ensemble des sciences mathématiques, sans en faire l'objet d'un traité spécial. Ainsi firent Ibn Sînâ (Avicenne) [3]), dans l'ouvrage intitulé « Al-chafâ w' al-nadjâ » (« Le remède et le salut »), et d'autres parmi les anciens [4]). Les modernes ont négligé cette branche parcequ'elle n'est pas d'un usage commun et qu'elle est importante seulement pour les démonstrations et non pour le calcul (l'arithmétique pratique) ; c'est pourquoi on la néglige dès qu'on a profité de son essence pour les démonstrations des procédés du calcul ; c'est ce que firent Ibn Albannâ [5]), dans son ouvrage intitulé « Raf'ou'l-hidjâb » (« Le soulèvement du rideau »), et d'autres. Dieu seul connaît la vérité.

---

[1]) Voir le second livre de l'Arithmétique de Nicomaque, chapp. 6 à 12.

[2]) Il faut sous-entendre qu'on prendra pour dernier nombre successivement chacun des nombres de la suite des nombres naturels.

[3]) Voir *Casiri*, Tome I, pag. 268, col. 1 et suiv.

[4]) Ibn Khaldoûn qui naquit en 1332 de notre ère, compte ici parmi les anciens Avicenne qui vécut dans la dernière moitié du Xe et dans la première moitié du XIe siècle (370 à 428 de l'hégire); mais je fais observer que très—souvent les auteurs arabes désignent par « les anciens » les Grecs, et par « les sciences des anciens » les sciences cultivées par les Grecs, notamment la philosophie et les sciences mathématiques.

[5]) Géomètre contemporain de Léonard de Pise. Voir *Journal Asiatique*, Cahier d'Octobre - Novembre 1854, pag. 371, la note.

Autre partie de la science du nombre.

L'ART DU CALCUL. [1]

C'est un art pratique ayant pour objet les calculs dans lesquels on combine les nombres par composition et par décomposition. Quant à la composition des nombres, elle se fait ou séparément, ce qui est l'addition; ou elle se fait par répétition, c'est-à-dire qu'on répète un nombre autant de fois qu'il y a d'unités dans un autre nombre, et cela est la multiplication. De même la décomposition des nombres s'opère ou séparément, par exemple si on retranche un nombre d'un autre nombre pour connaître le reste, ce qui est la soustraction; ou l'on divise un nombre dans un nombre donné de parties égales, ce qui est la division. Cette composition et cette décomposition ont lieu également dans les nombres entiers et dans les fractions. « Fraction » signifie le rapport d'un nombre à un autre nombre; ce rapport s'appelle donc fraction. De même la composition et la décomposition ont lieu dans les racines. « Racine » signifie un nombre qui multiplié en lui-même produit le nombre carré; donc ces racines sont également susceptibles de composition et de décomposition.

Cet art est moderne; il est nécessaire pour les calculs des opérations commerciales. On a beaucoup écrit sur cet art. Dans les grandes villes on le vulgarise par l'enseignement; et on y regarde comme essentiel à une bonne instruction de commencer par apprendre cet art, à cause de l'évidence des connaissances dont il se compose et de l'ordre systématique des démonstrations qu'il emploie. L'étude de cet art produit généralement un esprit lucide et habitué à raisonner juste. On a dit que quiconque veut aborder l'étude du calcul, doit commencer par s'adonner entièrement à la vérité à cause de la justesse des constructions [2] propres au calcul et de l'exactitude scrupuleuse qu'il exige. Ensuite cela deviendra une qualité du caractère, on s'accoutumera à la vérité et s'y attachera comme à une habitude constante.

Parmi les ouvrages étendus traitant de cet art et composés en ce temps dans le Maghreb, un des meilleurs est l'ouvrage intitulé : « Al-hiçârou'l-çaghir » (« La petite selle ») [3]; Ibn Albannà, le Marocain, en a fait un abrégé qui renferme les règles des opérations, ouvrage utile; puis il a commenté le même traité dans l'ouvrage qu'il intitula « Raf'ou'l-hidjâb » (« Le soulèvement du rideau »). Cet ouvrage est difficile pour les commençants à cause des démonstrations solidement construites (c'est à dire rigoureuses et détaillées) qu'il renferme. C'est un ouvrage d'une grande valeur, et nous avons vu les docteurs (chaïkhs) en faire beaucoup de cas, ce dont l'ouvrage est digne; la difficulté y vient seulement de la méthode des démonstrations. L'auteur (que Dieu, dont le nom soit exalté, soit miséricordieux envers lui !) a pris pour guide dans cet ouvrage le traité intitulé « Fikhou'l-hiçâb » (« La science du calcul »), par Ibn Almon'am [4], et le traité intitulé « Al-qâmil »

---

[1] C'est à dire l'Arithmétique pratique. — Comparer *Hadji Khalfa*, édition de Fluegel, Vol. III, pag. 60 et suiv.

[2] C'est à dire l'exactitude rigoureuse des raisonnements et des démonstrations.

[3] Comparer *Hadji Khalfa*, Vol. III, pag. 70, n.° 4519.

[4] Comparer *Hadji Khalfa*, Vol. IV, pag. 459, n.° 9176.

« Le parfait ») par Alahdab [1]). Il résuma les démonstrations de ces deux ouvrages autre chose encore en fait de ce qui concerne l'emploi technique des signes [2]) ous ces démonstrations, servant à la fois pour le raisonnement abstrait et pour la présentation visible (figurée), ce qui est le secret et l'essence de l'explication (des rocédés du calcul) au moyen des signes. Tout cela est difficile, mais la difficulté y vient que de la part des démonstrations, particularité propre aux sciences ma· ématiques, parceque leurs problèmes et leurs opérations sont toutes évidentes (fa- les à comprendre); mais si l'on en désire l'explication, alors il s'agit de donner s raisons de ces opérations, et c'est là qu'il se présente pour l'entendement des ifficultés qu'on ne trouve pas dans la pratique des problèmes. Réfléchissez à cela. ieu guide par sa lumière qui il veut.

Autre partie de la même science,

L'ALGÈBRE.

C'est un art au moyen duquel on détermine le nombre inconnu par l'examen e ce qui est connu et donné, lorsqu'il existe entre l'un et l'autre une certaine re- ation. Dans le langage technique de cet art on assigne aux quantités inconnues dif- érents degrés suivant la répétition par multiplication. Le premier [3]) de ces degrés st *la chose* (« chaï »), parceque toute inconnue est une chose [4]). On l'appelle aussi acine, par ce qu'on obtient, par la multiplication de ce degré en lui-même, le se- ond degré. Le second de ces degrés est *le carré* (« mâl ») [5]), et le troisième est *le ube* (« qa'b »). Les degrés suivants sont déterminés d'après *l'ass* [6]) des deux (degrés) ultipliés. Ensuite viennent les opérations habituelles, auxquelles on soumet le pro- lème pour arriver à une équation [7]) entre deux degrés différents ou entre plusieurs

---

[1]) Comparer *Hadji Khalfa*, vol. V, pag. 27, n.º 9739.

[2]) Comparer *Journal Asiatique*, Cahier d'Octobre — Novembre 1854, pag. 363, note 1.

[3]) Dans un autre manuscrit des Prolégomènes d'Ibn Khaldoûn le passage relatif aux degrés de inconnue est conçu de la manière suivante :

« Le premier de ces degrés est le nombre, parceque c'est au moyen du nombre (donné) que l'on détermine l'inconnue cherchée en la déduisant du rapport qui existe entre elle et le nombre. Le second de ces degrés est la chose, parce que toute inconnue, en tant qu'elle est cachée, est une chose; on l'appelle aussi racine, parce qu'on obtient, par la multiplication de ce degré en lui-même, le second (*sic*) degré. Le troisième de ces degrés est le *mâl* qui est le carré inconnu. Les degrés suivants etc. »

[4]) C'est à dire que l'inconnue, tant qu'elle reste telle, ne peut encore être désignée que par le om tout à fait vague de « chose ».

[5]) « *Mâl* » signifie proprement « possessions, richesses ».

[6]) Le terme « *ass* » ne désigne autre chose que l'exposant d'une puissance algébrique. Voir *Jour- al Asiatique*, Cahier d'Octobre — Novembre 1854, pag. 353, lig. 17; pag. 364, chap. III; pag. 367, hap. VII; pag. 368, chap. VIII. — Le passage du texte veut dire que le n^e degré de l'inconnue est lui qui résulte de la multiplication du $(n-m)^e$ degré par le m^e.

[7]) Ou bien : « Ensuite viennent les opérations indiquées par l'énoncé du problème, au bout des- quelles on arrive à une équation etc. » Il s'agit de la mise en équation du problème.

de ces degrés; on en oppose les uns aux autres [1]), on restaure [2]) ce qui se trouve parmi eux de fractionnaire de manière à le rendre entier, et on abaisse, s'il est possible, les degrés de l'inconnue de manière à les reduire aux exposants (*ass*) les plus petits, afin qu'ils soient ramenés à ces trois degrés qui constituent, selon les algébristes, le domaine de l'algèbre, à savoir : le nombre, la chose et le carré. Lorsque l'équation a lieu entre un terme et un autre terme, tout est déterminé ; le carré et la racine, lorsqu'ils sont égalés au nombre, cessent d'être inconnus et sont déterminés; et lorsque le carré est égal à des racines, il est déterminé par le nombre (le coefficient) de ces dernières [3]). Lorsque l'équation a lieu entre un terme et deux termes, la valeur de l'inconnue est déterminée par le procédé géométrique qui consiste à retrancher le produit par deux [4]); alors cette soustraction du produit détermine ce qui était inconnu d'abord. L'équation entre deux termes et deux termes [5]) est impossible (à résoudre). On ne parvient pas, selon les algébristes, en fait d'équations (résolubles) à plus de six problèmes; car l'équation entre le nombre, la racine et le carré pouvant être ou simple, ou composée, il en résulte six espèces.

Le premier qui écrivit sur cette branche des mathématiques fut Aboù Abdallah Alkhârezmî, après lequel vint Aboù Qâmil Chodjàa Ben Aslam [6]). On a généralement suivi sa méthode (celle d'Alkhârezmi) dans cette science, et son traité sur

[1]) C'est l'opération de la *mokâbalah*; elle consiste, d'après quelques traités d'algèbre arabes, à former l'équation, à en opposer les deux membres l'un à l'autre; d'après d'autres traités la *mokâbalah* est l'action de supprimer, dans les deux membres de l'équation, les quantités égales.

[2]) C'est l'opération du *djebr* (d'où le nom d'algèbre); elle consiste à faire disparaître de l'équation les fractions, comme le texte le dit fort clairement.

[3]) L'auteur discute ici les trois espèces d'équations que les algébristes arabes appellent les équations *simples*, savoir

$$x^2 = a , \qquad x = a , \qquad x^2 = ax$$

tandis qu'ils appellent *composées* les trois espèces suivantes

$$x^2 + ax = b, \qquad x^2 + b = ax, \qquad x^2 = ax + b.$$

[4]) Ce passage est fort obscur. Voici, en guise d'explication conjecturale, un procédé géométrique dans lequel on résout une équation du second degré au moyen de la soustraction d'une quantité multipliée en deux, à savoir d'un double rectangle.

Que l'équation proposée soit $x^2 = ax + b$. Soit ABCD un carré égal au carré inconnu x^2. Prenons AM et CN égaux chacun à $\frac{a}{2}$, et menons MP et NQ parallèlement aux côtés du carré ABCD. En retranchant du carré ABCD $= x^2 = ax + b$, les deux rectangles AQRM et RPCN, ou *deux fois le rectangle* AQRM, c'est à dire $2 . \frac{a}{2} . \left(x - \frac{a}{2} \right) = ax - \frac{a^2}{2}$, on obtient $(ax + b) - \left(ax - \frac{a^2}{2} \right) = b + \frac{a^2}{2}$; donc

$$\text{MRND} + \text{QBPR} = b + \frac{a^2}{2}, \quad \text{ou} \quad \left(x - \frac{a}{2} \right)^2 + \left(\frac{a}{2} \right)^2 = b + \frac{a^2}{2}, \quad \text{ou} \quad \left(x - \frac{a}{2} \right)^2 = b + \frac{a^2}{4}, \text{d'où}$$

$$x = \frac{a}{2} \pm \sqrt{ b + \frac{a^2}{4} } .$$

[5]) C'est à dire une équation renfermant trois degrés différents de l'inconnue et un terme constant.

[6]) Comparer *Hadji Khalfa*, Vol. II, pag. 585.

les six problèmes de l'algèbre est un des meilleurs ouvrages composés sur cette science [1]. Beaucoup d'Andalousiens (Arabes espagnols) ont écrit sur ce traité d'excellents commentaires. Un des meilleurs commentaires est l'ouvrage d'Alkorachi [2].

Nous avons aussi entendu que quelques uns des mathématiciens les plus illustres de l'orient ont étendu le nombre des équations au delà de ces six espèces, l'ont porté à plus de vingt, et ont découvert pour toutes ces espèces des procédés (de résolution) sûrs, fondés sur des démonstrations géométriques [3]. Dieu exalte parmi les créatures qui il veut.

Autre partie de la même science.
LES OPÉRATIONS COMMERCIALES.

C'est l'application du calcul aux transactions commerciales qui se font dans les villes, aux marchandises, aux mesures, aux impôts et à toutes les autres opérations commerciales dans lesquelles il se présente des nombres. Elle consiste à traiter par l'art du calcul des inconnues et des connues, des fractions et des nombres entiers, des racines et le reste. Il existe un grand nombre de problèmes consacrés par l'usage et relatifs à cette matière, ayant pour but de produire chez l'élève l'habitude de ces opérations et de le familiariser avec elles à force de les répéter, de sorte qu'il parvienne à posséder d'une manière sûre l'art du calcul.

Les Andalousiens savants dans l'art du calcul ont composé sur les opérations commerciales de nombreux traités. Parmi les plus célèbres on doit citer les « Opérations commerciales » d'Alzahràwi [4], d'Ibn Alsamah [5], d'Aboù Mouslim Ben Khaldoùn [6], disciple de Mouslimah Almadjrithi [7], et d'autres semblables.

Autre partie de la même science.
LE PARTAGE DES SUCCESSIONS. [8]

Cette science fait partie de l'art du calcul et s'occupe de la détermination exacte des portions dues aux héritiers dans une succession, lorsque, par exemple, ces

---

[1] Ibn Khaldoùn veut évidemment parler du traité d'algèbre composé par Aboù Abdallah Mohammed Ben Moûçâ Alkhârezmi, que M. Frédéric Rosen a publié à Londres en 1831 en l'accompagnant d'une traduction anglaise.

[2] Voir *Casiri*, Tome II, pag. 125, col. 2.

[3] Nous connaissons maintenant l'ouvrage arabe qui contient cette extension de l'Algèbre à laquelle Ibn Khaldoùn fait ici allusion. C'est l'algèbre d'Omar Alkhayyâmi qui ajoute aux six problèmes de Mohammed Ben Moûçâ, c'est à dire aux équations du 1.er et du 2.d degré, les équations du 3.e degré dont il construit les racines géométriquement par les intersections de deux coniques. Comparer *L'Algèbre d'Omar Alkhayyâmi publiée, traduite et accompagnée d'extraits de manuscrits inédits*, par F. Woepcke. Paris 1851.

[4] Voir *Casiri*, T. II, p. 138, col. 2 ult.

[5] Voir *Hadji Khalfa*, Vol. III, pag. 557, n.° 693 3.

[6] Voir *Casiri*, T. I, p. 436, col. 1.

[7] Voir *Casiri*, T. I, p. 378, col. 2.

[8] Le nom arabe de cette science est formé d'un seul mot : *Al-farâyidh*, proprement » les sta-

portions sont nombreuses et que quelques uns des héritiers sont morts eux-mêmes de sorte que leurs portions doivent être réparties entre les survivants; ou lorsqu'il se trouve, quand les héritiers se réunissent et se pressent pour participer à l'héritage, que la somme des portions qu'ils réclament dépasse la masse de la succession; ou lorsqu'il y a discussion, au sujet des portions dues, de la part de quelques uns des héritiers contre certains autres. Dans toutes ces circonstances on a besoin d'un procédé qui serve à déterminer d'une manière exacte la grandeur des portions légales, ainsi que les portions dues aux héritiers de chaque lit, de telle sorte que les portions des biens laissés reçues par les héritiers soient à la masse entière de ces biens, comme les parties aliquotes représentant leurs droits à la succession, à la somme de toutes ces parties. Dans ces déterminations on emploie une partie considérable de l'art du calcul, notamment le calcul des nombres entiers et fractionnaires, des racines, des connues et des inconnues. Les parties de cette science se suivent dans le même ordre que les chapitres de la législation relatifs aux héritages et les questions traitées dans ces chapitres. Il résulte de là que cet art comprend premièrement une partie de la jurisprudence, à savoir les jugements relatifs aux héritages en ce qui concerne les portions dues, les assurances, les affirmations, les contestations, les testaments, les arrangements et autres choses dont il est question dans les problèmes relatifs à cette matière; en second lieu cet art comprend une partie du calcul, à savoir la détermination exacte des portions conformément à la décision légale. C'est donc un des arts les plus nobles, et les personnes qui le cultivent, citent plusieurs des sentences du prophète, conservées par la tradition, qui confirment l'excellence de cet art; par exemple : « Les *faráyidh* sont un tiers de la science entière », et « les *faráyidh* sont la première entre les sciences qui ait été exaltée », et d'autres semblables. Je crois cependant que toutes ces sentences se rapportent aux *faráyidh* proprement dits, ainsi qu'il en est question dans ce qui précède, et non pas aux *faráyidh* des héritages simplement, car ceux-ci sont trop peu étendus pour former un tiers de la science entière, tandis que les *faráyidh* proprement dits sont fort considérables [1]).

Aussi bien dans les temps anciens que dans les temps modernes on a écrit sur cette branche des mathématiques et on l'a traitée à fond. Parmi les meilleurs ouvrages qui en traitent d'après les institutions du rite maléqite (que la miséricorde du Très-haut soit sur son fondateur), il faut citer le traité d'Ibn Thâbit [2]), l'abrégé du kâdhi Aboûl Kâcim Alhaoufi [3]), et les traités d' Ibn Almounir, d'Aldja'di [4]), d'Alçardi et d'autres. Cependant il faut placer Alhaoufi au premier rang, et son traité est préférable à tous les autres. Parmi les chaïkhs de notre rite Aboû Abdallah Mohammed Ben Soulaïmân Alsathi [5]), le grand entre les chaïkhs de Fez, a commenté le traité d'Alhaoufi par un travail explicatif et fort complet. L'imâm de la Mecque

<hr>

tuts de la loi sacrée », et plus particulièrement « la science qui règle les portions des héritages d'après les lois établies dans le Koran. » — Comparer *Hadji Khalfa*, Vol. IV, p. 393 et suiv.

[1]) Voir la note précédente.

[2]) Comparer *Hadji Khalfa*, Vol. III, pag. 64.

[3]) Comparer *Hadji Khalfa*, Vol. IV, pag. 398, n.° 8981.

[4]) Comparer *Hadji Khalfa*, Vol. IV, pag. 398, n.° 8978.

[5]) Ainsi porte le manuscrit. Mais je crois qu'il faut lire *Albasthi* ou *Alsabti*.

et de Médine [1]) a composé sur le partage des successions des ouvrages d'après les règles du rite chaféïte; ces ouvrages sont très-répandus à cause de sa vaste célébrité dans les sciences et de l'autorité de son rang. Il existe pareillement des ouvrages conçus d'après les règles du rite hanéfite et du rite hanbalite. Les hommes occupent dans les sciences différentes positions. Dieu dirige dans la bonne voie qui il veut.

LES SCIENCES GÉOMÉTRIQUES.

Cette science s'occupe des quantités, soit continues, telles que la ligne, la surface et le corps, soit discontinues, telles que les nombres. Elle considère les propriétés essentielles de ces quantités; par exemple, que les angles de chaque triangle sont égaux à deux angles droits; que deux droites parallèles ne peuvent se rencontrer d'aucun côté, quand même elles seraient prolongées jusqu'à l'infini; que lorsque deux droites se coupent, les angles opposés au sommet sont égaux; que lorsqu'on a quatre quantités proportionnelles, le produit de la première par la quatrième est égal au produit de la seconde par la troisième, et d'autres propriétés semblables.

Le traité grec sur cette science qui a été traduit, à savoir le traité d'Euclide [2]) intitulé « Le livre des éléments et des fondements », est l'ouvrage le plus étendu qui ait été écrit sur cette branche des mathématiques à l'usage des élèves, et en même temps le premier ouvrage grec qui ait été traduit par les vrais croyants. Cela eut lieu du temps d'Aboû Dja'far Almançoûr [3]). Il existe différents exemplaires (ou différentes éditions) de ce traité suivant les différents traducteurs. On en a une traduction par Honaïn Ben Ishâk [4]), une autre par Thâbit Ben Korrah [5]), et une troisième par Yoûçouf Ben Alhadjdjâdj [6]). L'ouvrage d'Euclide comprend quinze livres, dont quatre sur les figures planes, un sur les quantités proportionnelles, un autre sur la proportionnalité des figures planes, trois sur les (propriétés des) nombres, le dixième sur les quantités rationnelles et sur les quantités qui peuvent les quantités rationnelles, c'est à dire leurs racines, enfin cinq livres sur les corps. On a fait beaucoup d'abrégés de cet ouvrage. Ainsi fit Ibn Sînâ dans ses « Préceptes de la médecine » dont il consacra une partie exclusivement et spécialement à ce sujet; et de même Ibn Alçalt [7]) dans son traité des « Connaissances suffisantes », et d'autres encore. Des savants modernes ont fait un grand nombre de commentaires sur le traité d'Euclide. Il forme la base indispensable des sciences géométriques.

Sachez que l'utilité de la géométrie consiste à éclairer l'intelligence et à affermir le raisonnement de celui qui la cultive, parceque toutes ses démonstrations se

---

[1]) Comparer *Hadji Khalfa*, Vol. III, pag. 64.
[2]) Comparer *Casiri*, T. I, pag. 339 et suiv. — *Hadji Khalfa*, Vol. I, pag. 380 à 384. — *Gartz, de Interpretibus et Explanatoribus Euclidis Arabicis*; Halae, 1823.
[3]) Comparer *Casiri*, T. I, pag. 239, col. 2.
[4]) Comparer *Casiri*, T. I, pag. 286, col. 1 et suiv., et pag. 240, col. 1.
[5]) Comparer *Casiri*, T. I, pag. 386, col. 2.
[6]) Comparer *Casiri*, T. I, pag. 341.
[7]) Comparer *Casiri*, T. I, pagg. 244, 254, 349.

distinguent par la clarté de leur arrangement et par l'évidence de leur ordre systématique. Cet ordre et cet arrangement systématique empêchent toute erreur de se glisser dans ses raisonnements, de sorte que l'esprit des personnes qui s'occupent de cette science, est moins sujet à l'erreur et que leur intelligence se développe par cette étude. On prétend aussi que les paroles suivantes se trouvaient écrites sur la porte de (l'école de) Platon : « Que nul n'entre dans notre demeure s'il n'est géomètre ». De même nos chaïkhs (que la miséricorde divine soit sur eux) ont dit que l'étude de la géométrie est pour l'esprit ce que l'emploi longtemps répété du savon est pour le vêtement dont il lave les souillures et enlève les taches. Voilà ce que nous voulions dire à propos de l'arrangement et de l'ordre systématique de cette science. Dieu seul connaît la vérité.

Autre partie des mêmes sciences.

LA GÉOMÉTRIE SPÉCIALE DES FIGURES SPHÉRIQUES [1] ET DES CONIQUES.

Quant aux figures sphériques, il existe sur elles deux ouvrages grecs, à savoir les traités de Théodose [2] et de Ménélaüs [3] qui traitent de leurs surfaces et de leurs intersections. Dans l'enseignement on fait précéder l'ouvrage de Ménélaüs de celui de Théodose parceque beaucoup de démonstrations du premier sont fondées sur le second. Cette science est indispensable à quiconque veut faire une étude approfondie de l'astronomie, parceque les démonstrations de cette dernière reposent sur celle-là. En effet, la théorie de l'astronomie toute entière n'est autre chose que la théorie des sphères célestes et de ce qu'on y trouve en fait d'intersections et de cercles par suite des mouvements célestes, ainsi que nous l'exposerons ci-après; elle est donc fondée sur la connaissance des propriétés des figures sphériques, de leurs surfaces et de leurs intersections.

La théorie des sections coniques forme également une partie de la géométrie. C'est une science qui examine les figures et les sections produites dans les solides coniques, et démontre leurs propriétés par des démonstrations géométriques, fondées sur les éléments des mathématiques. Son utilité se montre dans les arts pratiques qui ont pour objet des corps, tels que la charpenterie et l'architecture; elle se montre aussi lorsqu'il s'agit de construire des figures merveilleuses et des temples curieux [4], de traîner des corps pesants et de soulever des masses volumineuses au moyen de l'équilibre et des machines, et autres choses semblables.

Certains auteurs ont traité cette branche des mathématiques à part dans un ouvrage sur la mécanique pratique contenant des procédés curieux et des artifices ingénieux, tout-à-fait admirables, et souvent difficiles à comprendre à cause de la difficulté des démonstrations géométriques sur lesquelles ils sont fondés. Cet ou-

[1] Comparer *Hadji Khalfa*, Vol. I, pag. 388.
[2] Comparer *Casiri*, T. I, pag. 343. — *Hadji Khalfa*, Vol. I, p. 389, n.° 1099.
[3] Comparer *Casiri*, T. I, pag. 345. — *Hadji Khalfa*, Vol. I, p. 390, n.° 1100.
[4] L'auteur veut ici parler de la construction d'automates et d'artifices semblables, dans le genre des Pneumatiques d'Héron et des horloges du moyen âge. J'ai examiné un traité arabe sur cette matière, contenu dans le MS. n.° 168 de la Bibliothèque de Leyde.

vrage se trouve entre les mains de beaucoup de personnes; on l'attribue aux Béni Châqir [1]).

Autre partie de la géométrie.

LA GÉODÉSIE.

On a besoin de cette science pour mesurer le sol, et son nom signifie la détermination de la quantité du sol; cette quantité est exprimée en empans ou coudées ou d'autres (unités de mesures), ou bien par le rapport de deux quantités de terrain lorsqu'on en compare une à une autre semblable. On a besoin de ces déterminations pour fixer les impôts sur les champs ensemencés, sur les terres labourables et sur les plantations, pour partager des enclos et des terres entre des associés ou des héritiers, et pour d'autres buts semblables. On a écrit sur cette science de bons et nombreux ouvrages.

Autre partie de la géométrie.

L'OPTIQUE.

Cette science explique les causes des illusions optiques en faisant connaître leur nature et la manière dont elles ont lieu. Cette explication est fondée sur ce principe que la vision se fait au moyen d' un cône de rayons ayant pour sommet le point occupé par (l'œil de) celui qui voit, et pour base l'objet vu [2]). Une grande partie des illusions optiques consiste en ce que l'on voit les objets rapprochés grands et les objets éloignés petits, que des objets petits vus sous l'eau ou derrière des corps transparents paraissent grands, qu'une goutte de pluie qui tombe, fait l'effet d'une ligne droite, et un tison (tourné avec une certaine vitesse) celui d'un cercle, et autres choses semblables. Or, on explique dans cette science les causes et la nature de ces phénomènes par des démonstrations géométriques. Elle explique, en outre, les différentes phases de la lune suivant ses différentes (longitudes et) latitudes, au moyen desquelles on peut aussi connaître (d'avance le temps de) l' apparition des nouvelles lunes et l'arrivée des éclipses, et beaucoup d'autres phénomènes semblables.

Beaucoup de Grecs ont écrit sur cette branche des mathématiques. Parmi les musulmans le plus célèbre qui ait écrit sur cette science est Ibn Alhaïtham [3]). Il y a aussi d'autres auteurs qui ont composé des traités d'optique. Elle fait partie des sciences mathématiques et des sciences qui en dérivent.

L'ASTRONOMIE.

Cette science considère les mouvements des étoiles fixes et des planètes, et dé-

---

[1]) Comparer *Casiri*, T. I, pag. 118.

[2]) Comparer l'*Optique* d'Euclide, Axiome 2e, pag. 604 de l'édition d'Oxford des œuvres d'Euclide.

[3]) Comparer l'*Algèbre* d'Omar *Alkhayydmi*, pag. 74, lig. 36. — Ce passage semble confirmer que l'ouvrage dont une traduction latine a été publiée à Bâle en 1572 sous le titre de « Alhazeni Opticae Thesaurus" est le même que celui que le Târîkh Alhoqamâ cite parmi les ouvrages d' Ibn Alhaïtham.

duit de la nature de ces mouvements, par des méthodes géométriques, les configurations et les positions des sphères dont les mouvements observés sont la conséquence nécessaire. Elle démontre ainsi, par l'existence du mouvement de l'accélération et de la retardation, que le centre de la terre ne coincide pas avec le centre de la sphère du soleil; de même elle prouve par les rétrogradations et les stations des planètes l'existence de petites sphères déférentes qui se meuvent dans l'intérieur de la grande sphère de la planète; elle démontre pareillement l'existence de la huitième sphère par le mouvement des étoiles fixes; elle déduit enfin le nombre des sphères pour chaque planète séparément, du nombre de ses inégalités, et autres choses semblables. C'est au moyen de l'observation que nous parvenons à connaitre les mouvements existants, leur nature et leurs espèces. C'est ainsi que nous connaissons le mouvement de l'accélération et de la retardation, l'arrangement des sphères suivant leurs ordres, les rétrogradations et les stations, et autres choses semblables.

Les Grecs ont cultivé l'observation avec beaucoup de zèle et ont construit, dans ce but, des instruments devant servir à l'observation du mouvement d'un astre déterminé, et appelés chez eux « instruments aux armilles ». L'art de les construire, et les démonstrations relatives à la correspondance de leurs mouvements avec ceux de la sphère étaient fort répandus parmi eux. Parmi les vrais croyants on n'a montré que peu de zèle pour les observations astronomiques [1]. On s'en occupait quelque peu dans le temps d'Almâmoûn; on construisit alors cet instrument connu sous le nom de l'instrument aux armilles. Ce commencement n'eut pas de suite. Lorsque Almâmoûn fut mort, personne n'imita son exemple. On négligea après lui l'observation et se fia aux observations anciennes. Mais ces observations ne sont pas exactes, parceque les mouvements célestes se modifient dans le cours de longues périodes d'années. De même la correspondance du mouvement de l'instrument pendant l'observation avec le mouvement des sphères et des astres n'est qu'approximative et n'offre pas une exactitude parfaite. Or, lorsque l'intervalle de temps écoulé est considérable, l'erreur de cette approximation devient sensible et manifeste.

L'astronomie, dont nous parlons, est un art sublime. Cependant elle ne fait pas connaître, comme on le croit ordinairement, la forme des cieux et l'ordre des sphères tels qu'ils sont en réalité, mais elle donne seulement ces formes et ces configurations des sphères comme résultant de ces mouvements. Or, vous savez qu'une seule et même chose peut être la conséquence de causes différentes; et lorsque nous disons que les mouvements sont une conséquence nécessaire (des formes et de l'arrangement des sphères) nous concluons de l'effet à l'existence de la cause. L'astronomie ne donne donc pas la vérité absolue; de manière toutefois qu'elle n'en reste pas moins une science magnifique; elle est en effet une des parties les plus importantes des sciences mathématiques.

Un des meilleurs ouvrages qui aient été composés sur cette science est l'Almageste qu'on attribue à Ptolémée [2]. Cet auteur n'est pas un des rois grecs du même

---

[1] Cette assertion paraît prouver seulement qu'Ibn Khaldoûn n'était pas toujours parfaitement bien informé. Nous savons maintenant, grâce aux savants travaux de MM. L.—I. et L.—A. Sédillot que les astronomes arabes ont cultivé l'observation avec beaucoup de zèle.

[2] Comparer *Casiri*, T. I, pag. 348 col. 2 et suiv. — *Hadji Khalfa*, Vol. V, pag. 385 et suiv. n.° 11413.

nom, ainsi que l'ont établi les commentateurs de cet ouvrage. Les savants les plus distingués de l'Islam, en on fait des abrégés. C'est ainsi qu'Ibn Sînâ en fit une partie de ses « Préceptes de la médecine. » De même, parmi les savants andalousiens, Ibn Rochd (Averroës) en a donné un résumé, et pareillement Ibn Alsamah et Ibn Alçalt dans son traité des « Connaissances suffisantes ». Ibn Alfarghânî [1] est auteur d'une « Astronomie purifiée » qu'il a rendue accessible et facile en supprimant les démonstrations géométriques. Dieu, dont le nom soit exalté, a enseigné à l'homme ce qu'il n'avait pas su.

Autre partie de l'Astronomie.

LA SCIENCE DES TABLES ASTRONOMIQUES [2].

C'est un art qui fait usage du calcul et qui est fondé sur des règles numériques. Il détermine pour chaque astre en particulier le chemin de son mouvement, ainsi que ses accélérations, retardations, stations et rétrogradations telles qu'elles résultent, pour le lieu qu'il occupe, des démonstrations de l'astronomie, et autres choses encore. Tout cela sert à connaître les positions des astres dans leurs sphères, pour un temps quelconque donné, par le calcul de leurs mouvements d'après les règles ci-dessus mentionnées, tirées des traités astronomiques. Cet art possède, en guise de préliminaires et d'éléments, des règles sur la connaissance des mois, des jours et des époques passées; il possède, en outre, des éléments sûrs pour la connaissance du périgée et de l'apogée, des déclinaisons, des espèces des mouvements et des manières de les déduire les unes des autres. On dispose toutes ces quantités en colonnes arrangées de manière à en rendre l'usage facile aux élèves, et appelées tables astronomiques (« azyâdj »). Quant à la détermination même des positions des astres, pour un temps donné, au moyen de cet art, on l'appelle équation (« ta'dîl ») et rectification (« takwîm »).

Tant les anciens que les modernes ont beaucoup écrit sur cet art, par exemple Albattânî [3], Ibn Alqimâd [4] et d'autres. Dans l'Occident les modernes, jusqu'au jour présent, s'en sont rapportés aux tables attribuées à Ibn Ishâk [5]. On prétend qu'Ibn Ishâk se fonda pour la composition de ces tables sur l'observation, et que dans la Sicile vécut un juif, très-versé dans l'astronomie et les mathématiques et observateur zélé, qui envoyait à Ibn Ishâk tout ce qu'il obtenait en fait de résultats exacts relativement à l'état des astres et à leurs mouvements. Les savants de l'Occident ont donc fait beaucoup de cas de ces tables à cause de la solidité des bases sur lesquelles elles sont fondées, à ce qu'on prétend. Plus tard Ibn Albannâ a fait un résumé de ces tables qu'il appela « Le chemin ouvert » (« Alminhâdj ») [6]. Cet ouvrage est très-recherché à cause de la facilité qu'il donne aux opérations.

---

[1] Comparer *Casiri*, T. I, pag. 109, col. 2.

[2] Comparer *Hadji Khalfa*, Vol. III, pag. 556 à 570.

[3] Comparer *Casiri*, T. I, pag. 342, col. 1 à pag. 344, col. 1. — *Hadji Khalfa*, vol. III, pag. 568, n.° 6961.

[4] Comparer *Casiri*, T. I, pag. 393, col. 2. — *Hadji Khalfa*, Vol. III, pag. 568, n.° 6969 et pag 569, n.° 6970.

[5] Bien que le manuscrit porte à plusieurs reprises Ibn Iohâk, il paraît qu'Ibn Khaldoûn veut parler du célèbre astronome Arzachel qui s'appelait Aboû Ishâk.

[6] Voir *Journal asiatique*, Cahier d'Octobre — Novembre 1854, pag. 371, la note.

On a besoin des positions des astres pour fonder sur elles les prédictions de l'astrologie judiciaire. Cette science consiste dans la connaissance des indices d'après lesquels arrive, suivant leurs positions, ce qui se passe dans le monde des hommes en fait de règnes, de dynasties, de nativités humaines et d'accidents extraordinaires, ainsi que nous l'expliquerons dans la suite en exposant clairement comment ces prédictions ont été confirmées par les évènements, si telle est la volonté de Dieu dont le nom soit exalté.

Remarque. Le texte qui a servi de base à la présente traduction, est une copie que j'ai prise à Leyde, en 1850, sur deux manuscrits de la Bibliothèque de cette ville qui offrent des différences nombreuses et considérables. Quoique j'aie passé plus de cinq ans à Paris, il m'a été impossible de comparer ma copie avec les beaux manuscrits de la Bibliothèque Impériale. Ces manuscrits se trouvaient pendant tout ce temps entre les mains de M. Quatremère. En outre, j'ai été obligé de faire cette traduction éloigné de presque toutes les ressources que j'avais eues à ma disposition pour mes travaux antérieurs, et même privé du secours de ma propre bibliothèque. Toutefois, aimant à placer ce morceau, à cause de son caractère encyclopédique, en tête du présent travail, et ne voulant pas trop retarder la suite de cette publication, j'ai dû me décider à donner ma traduction telle qu'on la trouve ci-dessus, malgré les imperfections résultant inévitablement des circonstances que je viens de mentionner.

IMPRIMATUR
Fr. Th. M. Larco Ord. Praed. S. P. Ap. Mag. Socius
IMPRIMATUR
Fr. Ant. Ligi Archiep. Vicesgerens